Einen Garten aus Stauden anlegen

WC Egan

Writat

Diese Ausgabe erschien im Jahr 2023

ISBN: 9789359257709

Herausgegeben von
Writat
E-Mail: info@writat.com

Inhalt

EINFÜHRUNG

Der erfolgreiche Garten hat eine dauerhafte Basis. Es muss einige Blumen geben, die Jahr für Jahr erscheinen, deren Position feststeht und auf deren Erscheinen man sich verlassen kann. Die als Stauden klassifizierte Gruppe nimmt diese Position ein und um die Blumen dieser Klasse herum sind die verschiedenen Arten von einjährigen Pflanzen und Blumenzwiebeln angeordnet. Letztere dienen als Verstärkung und runden das Gartenkonzept ab.

Stauden sind Pflanzen, die Jahr für Jahr weiterleben, wenn die sie umgebenden Bedingungen günstig sind.

Bäume und Sträucher sind natürlich mehrjährige Pflanzen; Bei diesen sind die Stängel verholzt, aber wir betrachten nur solche, die als krautige Stauden bekannt sind und Stängel von mehr oder weniger weicher Beschaffenheit haben, die, mit Ausnahme einiger immergrüner Arten, jeden Herbst absterben und im darauffolgenden Frühling neue erscheinen.

Viele von ihnen sind zu zart, um generell als winterharte Stauden angebaut zu werden, aber diejenigen, die im ersten Jahr reichlich blühen – wie das Löwenmäulchen – werden als einjährige Pflanzen behandelt und am Ende der Saison entsorgt.

Einige zweijährige Pflanzen – solche, die erst im zweiten Jahr blühen und dann absterben – können zu den Stauden gezählt und zu ihrer Klasse gezählt werden, weil sie so frei an der Basis der Mutterpflanze säen und im folgenden Jahr blühen, dass ihre Anwesenheit an der Grenze ist fast immer gewährleistet. Das Einzige, was Sie tun müssen, ist, diejenigen zu verpflanzen, die sich nicht in der gewünschten Blühsituation befinden. *Rudbeckia triloba , eine vom* Typ der Schwarzäugigen Susanne , ist nicht nur ein gutes Beispiel dieser Klasse, sondern auch eine bezaubernde Pflanze, die jeder sehen sollte wachsen, und darüber hinaus ist es eine sehr anpassungsfähige Pflanze, die sich hervorragend an halbschattigen Orten entwickelt, beispielsweise nördlich von Gebäuden oder unter Trauerbäumen wie der japanischen Trauerkirsche mit Rosenblüten. Sie fühlt sich bei vollem Sonnenschein wohl, wo sie eine breitrunde, buschige Pflanze mit einem Durchmesser von etwa einem Meter bildet, und wenn sie in voller Blüte steht, kann sie mit ihren unzähligen schwarzäugigen Blüten den schlimmsten Fall von Melancholie vertreiben, den ein Dyspeptiker jemals erlebt hat . Um ihr gerecht zu werden, benötigt sie einen guten offenen, eher leichten Boden. Wenn sie in voller Blüte gepflückt, in einen 25 cm großen Topf gepflanzt, an den Wurzeln gut durchnässt und einige Stunden vor Sonne und Wind geschützt aufbewahrt wird, hält sie sich zwei Wochen lang als Veranda- oder Zimmerpflanze.

Wir hören viel über die Gärten unserer Großmütter, Staudengärten, in denen die Pflanzen die Steinplatten vor der Haustür überdauerten.

Bis auf wenige Ausnahmen sind Stauden nicht langlebig. Die Gaspflanze, Pfingstrosen, einige der Schwertlilien, Taglilien und einige andere scheinen dauerhaft zu sein.

Der übliche Lauf muss etwa alle zwei bis drei Jahre aufgenommen und aufgeteilt werden. Dafür gibt es zwei Gründe. Erstens haben die Wurzeln alle Nahrung in Reichweite erschöpft, und wiederum stirbt die Hauptkrone, aus der die blühenden Triebe entspringen, an Erschöpfung. Am äußeren Rand dieses Verfalls befindet sich im Allgemeinen ein Rand „lebender Materie", der sich, wenn er aufgenommen, vom verfallenen Zentrum getrennt, geteilt und in guten Boden zurückgesetzt wird, verjüngt und bald eine neue Pflanze bildet.

In ungünstigen Gegenden verliert die Texas-Gaillardia im Winter ihre Krone, und der ängstliche Neuling wartet im Frühjahr ungeduldig auf ihr Wiederauftauchen und gräbt sie schließlich aus, nur um festzustellen, dass die Wurzeln lebendig sind, während die Krone verfault ist, und hier und da Auf diesen bilden sich neue Pflanzenknospen, die, wenn sie nicht gestört würden, bald gute Pflanzen ergeben würden, die jedoch wahrscheinlich nicht genau an der gewünschten Stelle platziert werden. Gärtner machen sich diese Besonderheit oft zunutze und vermehren ihren Bestand, indem sie eine Pflanze aufnehmen, die Wurzeln in kleine Abschnitte schneiden und sie getrennt anbauen.

Die Deutsche Schwertlilie ist eine der schönsten Formen der Blumenwelt und gedeiht praktisch auf jedem mäßig guten Boden

Wir müssen bedenken, dass neun Zehntel der Pflanzen, die wir anbauen, exotische Pflanzen sind, die aus entfernten Teilen und Klimazonen stammen und aus unterschiedlichen atmosphärischen Bedingungen und auf allen Arten von Böden stammen. Wir bringen sie in unseren Garten und lassen sie alle unter demselben klimatischen Einfluss und auf der einen Art Boden wachsen, die wir gerade besitzen. Sicherlich können wir nicht bei allen einen einheitlichen Erfolg erwarten. Genauso gut könnte man ungebildete Eingeborene aus fernen Gegenden in einen Raum holen und erwarten, dass sie alle in ein allgemeines Gespräch einsteigen. Selbst in Gärten, die ziemlich nahe beieinander liegen, variiert ihre Dauerhaftigkeit. Ich kann keine der Boltonias erfolgreich anbauen , während sie im Umkreis von einer Viertelmeile um mich herum im Garten eines Freundes wie Unkraut wachsen. Unser Boden ist derselbe, und man würde annehmen, dass die klimatischen Bedingungen dieselben waren, doch die Tatsache bleibt bestehen. Ich erwähne dies nur, damit sich jeder Neuling, der feststellt, dass er einige Pflanzen nicht so gut anbauen kann wie andere in seiner Nähe, in seiner Trauer nicht einsam fühlt. Es ist jedoch ein guter Plan, wenn eine vermeintlich einfach zu züchtende Pflanze ausbleibt, sie in einem anderen Teil des eigenen Gartens auszuprobieren, und wenn sie dort nicht gut wächst, sie wegzuwerfen und zu vergessen – die Welt ist voll von guten Dingen.

Aufgrund der Tatsache, dass die Staude jährlich wiederkehrt, unterscheiden sich die Kulturrichtungen von den Blüten, die nur eine Saison lang blühen. Es gibt einige wichtige Grundlagen, die jeder Gärtner kennen sollte, und einige Abkürzungen zum Erfolg, die vielleicht jeder kennt. Da Stauden den eigentlichen Kern des Gartens bilden, sind sie für den Blumenanbau von größter Bedeutung und werden hier ausreichend erläutert, um dem Leser einen Anstoß zu geben, der ihn sprunghaft in den inneren Kreis der Gartengeheimnisse hineinführt .

VORBEREITUNG DER BETTEN

Wollen wir ein erfolgreiches Blumenbeet – eines, um das unsere Nachbarn beneiden werden – oder eines, in dem die Pflanzen ums Überleben kämpfen? Wenn wir Ersteres wollen – und wer nicht? – müssen wir unseren Pflanzen gutes Weideland bieten. Sie mögen das Fett des Landes genauso gern wie wir, und da sie unser Herz mit ihren strahlenden Blüten erfreuen, sollten wir sie fair behandeln. Und wie? Indem man ihnen einen guten, tiefen Boden für ihren Wurzeltrieb gibt, der nicht nur reich an Nahrung, sondern auch locker und bröckelig ist.

Fast alle jungfräulichen Böden enthalten reichlich Pflanzennahrung, aber im tieferen Teil fehlen die Ergebnisse der Einwirkung von Luft, Sonne und Frost sowie der natürliche Humus verrotteter Blätter und Gräser. Die darin enthaltene pflanzliche Nahrung ist „ungekocht", also nicht bereit für die Pflanzenverwertung. Daher sollten die Beete für Ihre Stauden mindestens 60 cm tief gegraben werden – besser sind 30 cm – und gute Gartenerde oder Erde von einem Maisfeld oder einer anderen Hackfruchtpflanze, in der das Unkraut niedrig gehalten wurde, als Ergänzung für alles andere verwenden die oberste Schicht ist einen Fuß tief. Dies gilt auch für Baum- und Strauchlöcher. Diese oberste Schicht mit einer Tiefe von einem Fuß ist in gutem Zustand und kann sofort verwendet werden. Sie kann auf den Boden des Beetes aufgetragen werden, gemischt mit frischem oder verrottetem Mist. Die eingebrachte Erde kann mit Altmist vermischt und daraufgelegt werden.

Ein Wort zum Thema „alter Mist" ist hier angebracht. Jeder Mist, der ein Jahr oder länger in einer von Unkraut befallenen Ecke aufgehäuft und auf Ihrem Grundstück, insbesondere auf Ihrem Rasen, verwendet wurde, ist der beste Bewegungsförderer, den ich kenne, und kann Sie den ganzen Sommer über damit beschäftigen, das Unkraut zu entfernen Entspringt dem Samen, sein Busen ist geschützt.

Natürlich ist es in einigen Abschnitten, in denen der Boden drei Fuß tief ist – wie mir gesagt wurde, im Maisgürtel von Illinois –, dass alles, was nötig ist, den Boden bis zur genannten Tiefe auflockert und alten Mist hinzufügt. Wenn das Entfernen und Einbringen von so viel neuem Boden den Geldbeutel zu sehr belastet, müssen wir sparsamer vorgehen. Wenn der Boden eine lehmige Beschaffenheit hat, mischen Sie gesiebte Kohleasche oder Sand unter und der gröbere Teil der Asche kann mit dem Boden am unteren Fußende des Beetes vermischt werden. Entfernen Sie die oberste 30 cm lange Schicht und legen Sie sie beiseite. Werfen Sie den Bodenboden bis zur verbleibenden Tiefe aus. Brechen Sie es fein auf und ersetzen Sie es durch frischen, starken Mist, außer der Kohleasche oder dem Sand, und legen Sie ihn in horizontalen Schichten auf – sagen wir drei Zoll Erde, und dann eine vier Zoll dicke Schicht Mist, wenn Sie ihn vorsichtig festdrücken; oder machen Sie die Schichten schräg – sagen wir in einem Winkel von etwa fünfundvierzig Grad. Dadurch wird der Boden mit Humus angereichert und Luft und Feuchtigkeit können in den Boden eindringen. Dann die ursprüngliche Deckschicht auftragen und mit altem Mist vermischen. Kein frischer Mist sollte die Wurzel einer Pflanze berühren. Der frische Mist am Boden des Beetes ist gut verrottet, wenn die Wurzeln ihn erreichen. Nachdem die oberste Schicht aufgetragen wurde, ist das Beet 15 bis 20 cm über dem Rasen angehoben, was in Ordnung ist; es wird sich mit der Zeit ausreichend beruhigen . Brechen Sie den Boden immer in feine Partikel auf, sonst bleibt ein Tonklumpen ein Klumpen und ist für die Pflanzennutzung von geringem Wert.

Beim Anlegen von Beeten oder Strauchlöchern in der Nähe von Gebäuden mit Keller muss im Allgemeinen die gesamte Erde vollständig entfernt werden, da diese normalerweise aus der tieferen Erde des Kelleraushubs besteht, gemischt mit Ziegeln und Mörtel – nur wenige Blumen wurzeln gut in Ziegeln.

Platzieren Sie Ihre Blumenbeete entlang der Gehwege, am Haus oder entlang der Grundstücksgrenzen, aber überladen Sie nicht die Mitte Ihres Rasens damit. Ein offenes Rasengrundstück verleiht jedem Ort scheinbare Größe und Würde. Geben Sie so viel offenes Sonnenlicht wie möglich. Nur frühblühende Frühlingsblüher wie Leberblümchen und Trillien wachsen in dem, was wir Schatten nennen – obwohl sie zum Zeitpunkt ihres Wachstums und ihrer Blüte Sonnenlicht durch die blattlosen Äste der Bäume haben. Machen Sie kein Beet, wo die Entwässerung schlecht ist oder wo im Winter Wasser darin stehen wird. Das Entwässern von Fliesen verbessert das Bett unter fast allen Umständen.

Von großen Bäumen fernhalten. Eine kräftige Ulme und eine Staude können nicht aus derselben Schüssel essen und trinken und beide werden fett. Die Staude wird die Leidtragende sein, vor allem unter Feuchtigkeitsmangel. Wenn Sie in der Nähe eines Baumes gepflanzt haben oder der Platzmangel Sie dazu zwingt, nehmen Sie einen scharfen Spaten und schneiden Sie jedes Frühjahr tief am Rand des Blumenbeets entlang, der dem Baum am nächsten liegt, und ziehen Sie alle kleinen Wurzeln aus dem Beet heraus Sie können dies tun, ohne die Pflanzen zu stören. Das wird eine Zeit lang helfen, aber die Ulme wird wieder in das Beet eindringen und der Vorgang muss wiederholt werden. Dies gilt für Beete, die sich weniger als 2,5 bis 3 Meter von einem Baum entfernt befinden. Bei einem viel näheren Beet würde der Schnitt den Baum wahrscheinlich verletzen und das Wachstum im Beet wäre dürftig.

Wenn das Gelände groß ist und an den Rändern ausreichend Platz für große Beete vorhanden ist, mit einem offenen Rasen davor, können blühende Sträucher als Hintergrund für Stauden verwendet werden, aber das Wachstum der Sträucher erfordert häufiges Entfernen der Stauden weiter vorne. und eine häufige Erneuerung der pflanzlichen Nahrung, die der Strauch teilt. Diese Methode erfordert aufgrund der doppelten Belastung des Bodens mehr Bewässerung.

Vermeiden Sie ausgefallene oder geometrische Formen. Sie gehören, sofern zulässig, zu formellen Gärten, in denen zarte Beetpflanzen verwendet werden. Entlang von Spaziergängen können rechteckige Beete angelegt werden, jedoch an Gebäuden oder Grenzlinien. Während die hintere Linie vergleichsweise gerade sein kann, sollte die vordere Linie wellenförmig sein und lange, geschwungene Buchten und Vorgebirge aufweisen. Es sollten keine kurzen Kurven vorhanden sein. Sie stören den Rasenmäher. Wenn es wünschenswert ist, mit einem Gehweg eine Begrenzungslinie zu überqueren, dann sollte die Vorderlinie eines Beetes natürlich gerade sein.

Ein Hintergrund aus Weinreben oder blühenden Sträuchern ist erstrebenswert, insbesondere um weiße Blüten wie süße Rucola hervorzuheben

Manche Stauden müssen in einem Abstand von zwei Fuß gepflanzt werden, und bei manchen, wie z. B. Pfingstrosen, ist ein Abstand von drei Fuß ausreichend, damit sich ihre Spitzen mit der Zeit treffen. Ein Abstand von 18 Zoll reicht aus, um die Mehrheit aufzunehmen, und einige schlanke Exemplare erfordern nur einen Fuß. All dies sollte bei der Bestimmung der Bettbreite berücksichtigt werden.

Ausgehend von der Annahme, dass eine durchschnittliche Pflanze 18 Zoll Kopfhöhe benötigt und dass die erste Reihe 15 cm vorne im Beet gepflanzt werden kann – neun bis zwölf sind besser – und die zweite Reihe hinten 18 Zoll und sechs Zoll hinten gepflanzt werden kann, Wir stellen fest, dass bei zwei Pflanzen tiefen Reihen ein Beet mit einer Breite von zweieinhalb Fuß erforderlich ist. Dies sollte die engste Toleranz sein, die Sie machen sollten. In einem 1,20 m hohen Beet können Sie sie zu dritt tief platzieren, und in einem 1,5 m hohen Beet sind es vier Pflanzen. Mit anderen Worten: Sie vergrößern Ihre Breite in Sprüngen von jeweils 18 Zoll. Dies ist zwar nicht unbedingt notwendig, aber am besten und gilt nur für die breitesten und engsten Stellen. Die dazwischenliegenden geschwungenen Linien weichen von diesem Maß ab, machen aber keinen Unterschied, da Sie nicht in geraden Reihen von hinten nach vorne pflanzen, wie man es bei Kohl tun würde .

Beim Pflanzen an Grenzlinien oder an Gebäuden sollten die höheren Pflanzen hinten verwendet werden, aber die halbhohen Pflanzen (z. B. einen Meter hoch) sollten gelegentlich weit nach vorne gebracht werden, um Steifheit zu vermeiden und Unregelmäßigkeiten hinzuzufügen die allgemeine Wirkung. Wenn sich auf der Rückseite ein Haus oder ein Zaun befindet, können hier und da blühende Ranken wie *Clematis paniculata* oder *C. flammula* oder jede einjährige blühende Ranke verwendet werden. In freistehenden Beeten, die von allen Seiten einsehbar sind, werden die höheren Pflanzen in die Mitte gesetzt.

Der Effekt ist viel besser, wenn Sie in Gruppen von vier, sechs oder mehr einer Sorte pflanzen. Es lindert die Wirkung von Pickeln. Pflanzen Sie unregelmäßig, um Steifheit oder Klumpenbildung zu vermeiden, und lassen Sie eine Gruppe hinter der anderen einlaufen. Wenn Sie große Gruppen birnenförmig pflanzen, wobei das schmale Stielende leicht gebogen ist und Sie das größere Ende der angrenzenden birnenförmigen Gruppe bis zum schmalen Stiel des Nachbarn laufen lassen, erzielen Sie den von mir vorgeschlagenen Effekt. Die von Ihnen gekauften Pflanzen sind klein und werden im ersten Jahr nicht den gesamten Boden einnehmen, wenn sie wie empfohlen gepflanzt werden. *Diese* Räume können etwa ein Jahr lang mit einjährigen Pflanzen ausgelegt oder mit Gladiolen, Lilien oder *Hyazinthen bepflanzt werden* .

Ich werde nicht versuchen, den Kampf und das Aufeinanderprallen von Farben zu diskutieren, die man manchmal bei Pflanzungen sieht. Die anerkannte Chefin des Hauses – sie ist wahrscheinlich diejenige, die sich die Blumenrabatte wünscht – ist im Allgemeinen eine Expertin für ansprechende Farbkombinationen.

Wenn man im Garten Ordnung und Effektivität wünscht, ist es notwendig, hochwachsende Pflanzen sicher abzustecken. Wir kümmern uns zwölf Monate im Jahr um eine Pflanze, um den Nutzen aus ihrer kurzen Blütezeit zu ziehen, und zuzulassen, dass sie dann bei vorbeiziehenden Stürmen auf dem Boden liegt, erscheint grausam. Besenstiele und Eschenstäbe mit einem Durchmesser von einem halben Zoll, die von Korbmachern verwendet werden, sind bei Händlern für Besenmaterial erhältlich. Bambusrohre sind nützlich, ebenso wie die bemalten Pfähle, die von Saatguthäusern verkauft werden. Die Pfähle sollten tief in den Boden eingedrückt werden. Bei trockenem Wetter, wenn der Boden hart ist, werden sie oft nicht tief genug eingepflanzt und der erste starke Regen weicht den Boden um sie herum auf, und bei starkem Wind kann die Pflanze umkippen und den Pfahl mitreißen. Wenn du sie fesselst, umarme sie nicht wie einen längst verlorenen Bruder; Gib ihnen etwas natürliche Freiheit. Platzieren Sie die Pfähle in großen Gruppen in einem Abstand von etwa einem Meter um sie herum und fädeln Sie sie von Pfahl zu Pfahl, wobei Sie die Fäden kreuzweise durch die Pflanzen oder zwischen ihnen ziehen. Für eine einzelne große Anlage sind in der Regel mindestens drei Pfähle erforderlich. Tun Sie es, bevor sie durch Stürme zerstört werden, denn wenn sie einmal kaputt sind, ist es schwer, sie wieder in Ordnung zu bringen, vor allem, wenn sie längere Zeit liegen bleiben. Dann drehen sich die wachsenden Enden nach oben, um Licht zu erreichen, und verhärten sich in diesem gebogenen Zustand.

Wenn Sie die Stauden selbst anbauen, ist es am besten, sie ein Jahr lang in einem Reservebeet, beispielsweise im Gemüsegarten, anzubauen, da nur sehr wenige im ersten Jahr aus Samen blühen. Gekaufte Pflanzen sollten im ersten Jahr blühen, da es sich um einjährige Sämlinge oder Ableger alter Pflanzen handeln soll. Diese können bei der Ankunft an erster Stelle angegeben werden. Sämlinge im Reservebeet können in Reihen gepflanzt werden, wobei jede Reihe einen Fuß voneinander entfernt ist und die Pflanzen in den Reihen sechs Zoll voneinander entfernt sind. Wenn sie so gepflanzt werden, nehmen sie nur wenig Platz ein und können im Frühherbst oder im nächsten Frühjahr in ihr dauerhaftes Quartier gebracht werden.

Achten Sie beim Umpflanzen darauf, die Wurzeln so wenig wie möglich der Sonne oder trocknenden Winden auszusetzen. Wenn die Pflanzen mit verwelktem Blattwerk ankommen, streuen Sie sie über den Kopf und stellen Sie sie für eine Weile, beispielsweise eine Stunde, an einen schattigen, geschützten Ort. Dadurch werden sie im Allgemeinen so weit wiederbelebt, dass Sie mit der Pflanzung fortfahren können. Wenn Sie Grund zu der Annahme haben, dass die Pflanzen während des Transports eingefroren waren, stellen Sie die Kiste über Nacht in einen kühlen Keller . Ein allmähliches Auftauen kann sie verjüngen, während ein plötzliches Auftauen gefährlich ist.

Beim Pflanzen hilft es einem Amateur oft, ein paar Pfähle zu nehmen und an jeder Stelle, an der er eine Pflanze setzen möchte, einen zu platzieren. Wenn Sie sechs oder mehr Pfähle setzen, pflanzen Sie sechs oder mehr Pflanzen und ziehen Sie die Pfähle hoch, während Sie weitere Pfähle anbringen. Machen Sie die Löcher im Beet breit genug, damit die Wurzeln hineinpassen können, ohne sich zu verdrängen. Nachdem Sie die Erde eingefüllt haben, drücken Sie sie fest um den Hals der Pflanze und über die Wurzeln und gießen Sie sie gut, wenn das gesamte Beet bepflanzt ist .

Wenn trockenes, heißes Wetter kommt und Sie eine künstliche Bewässerung für notwendig halten, tränken Sie das Beet gut und lassen Sie es dann einige Zeit in Ruhe, allerdings am Abend, nach einem heißen, sonnigen Tag, begleitet von einem starken, trocknenden Wind, wenn das Laub aussieht etwas welk, eine Kopfdusche ist von Vorteil. Am Tag nach dem gründlichen Einweichen empfiehlt es sich, mit einer Hacke oder einem Rechen leicht über das Beet zu gehen und den Boden aufzurühren, um die durch das Gießen entstandene Kruste aufzubrechen. Dadurch entsteht ein Mulch, der die Feuchtigkeit speichert und die Wurzeln vor der heißen Sonne schützt. Durch häufiges leichtes Gießen bleibt die Feuchtigkeit oben und die Wurzeln neigen dann dazu, nach oben zu wachsen, um sie zu erreichen. Wenn Sie dann das Gießen vernachlässigen, wird der Boden schnell trocken und die Wurzeln leiden.

WINTERMULCHEN

Wenn der Winter naht und Sie sich Ordnung wünschen, schneiden Sie die Spitzen ab (mit Ausnahme von Pflanzen mit immergrünen Blättern), auch wenn der Frost diese Arbeit noch nicht für Sie erledigt hat, und bedecken Sie das Beet mit gut verfaultem Mist, aber es ist wirklich besser, dies zuzulassen Die Spitzen bleiben den ganzen Winter über erhalten, insbesondere bei Pflanzen mit hohlen Stämmen. Gut verrotteter Mist muss im Frühjahr nur wenig umgewälzt werden, es müssen lediglich die Fremdstoffe und die darin enthaltenen Strohhäcksel entfernt werden. Was zurückbleibt, ist in der Regel die Farbe des Bodens, daher unbemerkt und dient im Sommer als Mulch. Es kann frischer Mist verwendet werden – das ist sogar besser, weil die Pflanzen von den Auswaschungen profitieren , die in alten Mist ziemlich gut investiert sind. Bei großen Grundstücken ist die Entfernung dieses Düngers im Frühjahr jedoch mit erheblichem Aufwand verbunden, da dieser aus Gründen der Sauberkeit entfernt werden muss. Während dieser Mist den größten Teil seiner Festigkeit ausgelaugt hat, lohnt es sich, ihn für den noch darin enthaltenen Humus aufzubewahren. Er kann im Gemüsegarten eingegraben oder noch locker auf einen großen, flachen, etwa 60 cm hohen Haufen gelegt werden verbreiten. Darin können Melonen, Kürbisse, Kürbisse oder ähnliche Ranken angebaut werden. Schütten Sie für jede Pflanze etwa eine halbe Schubkarre mit guter Erde darauf, ebnen Sie sie ein und säen Sie sie hinein, oder stellen Sie die Pflanzen auf, wenn die Sämlinge woanders gepflanzt werden. Die Wurzeln dieser Pflanzen mögen den lockeren Auslauf, den der offene Mist ermöglicht. Bei extrem trockenem Wetter sollten die wachsenden Kürbisse oder Kürbisse gut bewässert werden. Im Herbst hat dieser Mist eine feinere Konsistenz und eignet sich hervorragend als Wintermulch für Schneeglöckchen, Krokusse usw.

Beeilen Sie sich nicht, die Winterdecke zu entfernen, wenn die ersten warmen Frühlingstage kommen. Im zeitigen Frühjahr wird mehr Schaden angerichtet als bei beständiger Kälte. Den größten Schaden verursacht das abwechselnde Einfrieren und Auftauen sowie das über den Pflanzenkronen liegende Oberflächenwasser, das der gefrorene Boden darunter nicht absinken lässt. Ich habe Wurzeln flachwurzliger Pflanzen, zum Beispiel *Lobelia cardinalis, gesehen* , die in lehmigem Boden wuchsen und im Frühjahr auf der Bodenoberfläche lagen – durch Bodenausdehnung herausgedrückt. Ein Teil der Abdeckung kann recht früh entfernt werden, es sollte jedoch noch genug übrig bleiben, um den Boden zu beschatten.

SOMMERMULCHEN

Pflanzen mit flachen Wurzeln wie die Kardinalblume (*Lobelia cardinalis*) und die hohen, herbstblühenden, winterharten Phloxen mögen es nicht, wenn die heiße Sonne auf ihre Wurzeln brennt. Da sie Oberflächenwurzler sind und gleichzeitig feuchtigkeitsliebend sind, leiden sie unter Austrocknung des oberflächlichen Bodens. Sie sollten einen Sommermulch haben, um die Feuchtigkeitsstrahlung aus dem Boden abzufangen.

Der verbrauchte Mist, den ich als gut zum Abdecken von Blumenzwiebeln erwähnt habe, eignet sich hervorragend für diesen Zweck und da er die gleiche Farbe wie die Erde hat, ist seine Anwesenheit kaum wahrnehmbar; außerdem fügt es Humus hinzu. Es kann nahezu jedes offene Material verwendet werden, das unseren Vorstellungen von einem aufgeräumten Erscheinungsbild keinen Abbruch tut. Es kann Grasschnitt vom Rasenmäher verwendet werden.

Einige Pflanzen erscheinen im Frühjahr erst spät oberirdisch, *Platycodons* Zum Beispiel besteht die Gefahr, dass sie von ungeduldigen Amateuren ausgegraben werden, die entweder ihre Anwesenheit vergessen haben oder sich eingebildet haben, sie seien tot und der Boden leer. Es ist daher gut, im Herbst einige Rohrpfähle an jeder Pflanze oder in einer Reihe um eine Gruppe dieser Klasse herum zu platzieren, um deren Anwesenheit anzuzeigen. Ich platziere auch Stäbe an jeder Lilie, da sie normalerweise offene Räume zwischen den Stauden einnehmen, und ich möchte sie selten stören, wenn es notwendig wird, eine der Stauden zu entfernen.

Mit wenigen Ausnahmen – zum Beispiel bei Pfingstrosen und der Gaspflanze – müssen Stauden alle zwei bis drei Jahre geteilt und neu gepflanzt werden. Dies sollte im frühen Herbst oder frühen Frühling erfolgen, aber niemals, wenn der Boden sehr nass ist, da dies zu einer späteren Manipulation führt Um den Nahrungsvorrat des Bodens wieder aufzufüllen, sollte er trocken genug sein, um in feine Partikel zu zerfallen. Die Japanische Anemone sollte erst im Frühjahr umgepflanzt werden. Im Herbst blüht es und ist aktiv. Die beste Vorgehensweise besteht darin, jeweils einen Abschnitt zu bearbeiten, beispielsweise einen drei Meter langen Streifen. Schneiden Sie das Laub zurück, nehmen Sie die Pflanzen auf, legen Sie sie beiseite und bedecken Sie sie mit Sackleinen oder einem anderen Material, um die Wurzeln vor Sonne und Wind zu schützen. Dann graben Sie das Beet tief aus, geben etwas gut verrotteten Mist hinein, harken es glatt und bepflanzen es neu. Während es wahrscheinlich am besten ist, dieselben Pflanzen nicht wieder an die gleiche Stelle zu setzen, an der sie sich vorher befanden, ist es möglich, denn wenn der Boden gut bearbeitet wurde, ist es wahrscheinlich, dass er seine Position verändert hat. Nehmen Sie dann einen anderen Abschnitt auf und machen Sie dasselbe. In der Zwischenzeit werden alle großen Wurzeln geteilt. Manche können auseinandergerissen werden, aber häufiger müssen sie mit einem scharfen Spaten oder einem Metzgermesser durchgeschnitten werden. Entfernen Sie alle Anzeichen von Fäulnis und verwenden Sie nur den gesunden Außenrand mit gut entwickelten Wurzeln. Sie zeigen im Allgemeinen die Stielknospen für das Wachstum im nächsten Jahr. Drei bis fünf dieser Knospen ergeben eine gute Pflanze. Manchmal, vielleicht im Fall eines geschätzten, aber nicht allzu robusten Rittersporns, findet man einen Teil der ursprünglichen Wurzel verfault, aber wenn daran ein paar gute Wurzeln hängen, streut man Schwefelpulver auf den verfaulten Teil – das funktioniert oft nicht Verfall – und Sie können Ihr Haustier schließlich wieder in einen gesunden Zustand versetzen.

Pfingstrosen haben den Vorteil, dass sie wenige Feinde haben, lange und kräftig leben, schön sind und bei den meisten Sorten einen herrlichen Duft haben

Wenn Sie auf der Suche nach herrlicher Erholung und viel Spaß sind und gerne eine Pflanze haben möchten, die eine völlig neue Blüte in Farbe oder Form hervorbringt und die Ihrer Meinung nach sicherlich schöner ist als alle, die Ihre rivalisierenden Nachbarn je gesehen haben, dann machen Sie in einigen ein Reservebeet Stellen Sie einen sonnigen Standort auf und züchten Sie hybride Rittersporn. Tatsächlich sollte jeder, der eine gute

Staudensammlung besitzt, über eine Reserveplantage verfügen, aus der er schöpfen kann, um nach einem harten Winter Lücken im Hauptbeet zu schließen . Es ist besonders nützlich für die Bestandshaltung der bezaubernden, aber kurzlebigen Staude, der Akelei (*Aquilegia*), auf die man sich nach dem zweiten Jahr nur noch selten verlassen kann. Ich spreche von den feineren Formen.

Diese Hybrid-Delphinien oder Garten-Rittersporn besitzen das Blut von zwei oder mehr Arten und neigen daher zum „Sport", indem sie Blüten in verschiedenen Formen und Farben hervorbringen, die sich völlig von denen der Eltern unterscheiden. Das von Gärtnern verwendete Wort „Sport" wird für jede Pflanze verwendet, deren Blätter, Blüten, Formen oder Wuchsgewohnheiten einen deutlichen Kontrast zum Typ oder normalen Aussehen der ursprünglichen Art aufweisen. Der bekannte Goldschimmer ist ein gutes Beispiel, da er eine gefüllte Form der einblütigen *Rudbeckia laciniata ist* , einem großen Mitglied der Familie der Schwarzäugigen Susanne, die als einer der Sonnenhut bekannt ist. Der Blütenkopf dieser Art besteht aus zwei Teilen – der äußeren Reihe gelber „Strahlblüten", die kein Teil der eigentlichen Blüte ist, außer dass sie mit dem Rand verglichen werden könnte, der einen Vorhang begrenzt, und dem dunkelbraunen Kegel in der Mitte, der aus zahlreichen winzigen Einzelblüten wie dem Löwenzahn besteht , jede perfekt und in der Lage, Samen zu produzieren. Die Natur ist manchmal etwas heimtückisch, und in diesem Fall hat sie die einzelnen Blumen in Zungenblüten verwandelt. Glücklicherweise entdeckte ein beobachtender Blumenliebhaber diese eine ursprüngliche Pflanze, denn zweifellos trat der Fehler nur bei einer Pflanze auf, und als er sie in seinen Garten verpflanzte, verlieh er der Blumenwelt schließlich den heute üblichen goldenen Glanz. Wenn es niemand bemerkt hätte , hätte die Pflanze ihre vorgesehene Lebenszeit überdauert und wäre, ohne dass die Welt etwas davon hätte, gestorben, denn sie produziert keine Samen.

Der Rittersporn weist verschiedene Formen von Blüten, Farben und Formen auf – die Farbtöne sind eine Mischung aus Blau, Rosa und Lila, einige davon in den schönsten Kombinationen, die man sich vorstellen kann. Sie blühen alle im ersten Jahr nach der Aussaat, wenn sie im Februar oder März in einem Gewächshaus oder Warmbeet gesät werden, aber nicht alle auf einmal, so dass sich mindestens einen Monat lang jeden Tag neue Blüten öffnen . Das größte Vergnügen liegt in der Erwartung. Man sucht und hofft immer auf etwas Besseres, und im Allgemeinen bekommt man es auch. Es ist am besten, wenn eine Pflanze eine Blüte nicht in der gewünschten Qualität hervorbringt, sie auszugraben und wegzuwerfen, aber diejenigen, die gut sind, sollten auf irgendeine Weise markiert werden, um sie identifizieren zu können. Ein Etikett an der Seite reicht aus, aber besser ist es, ein paar kleine Blechschilder mit eingestanzten Zahlen oder Buchstaben zu besorgen. Befestigen Sie die

Pflanze an zehn Zoll langen Drahtstiften und drücken Sie sie in die Nähe der
Pflanze. Notieren Sie sich ihre Nummer in Ihrem „Gartenbuch" zusammen
mit einer Beschreibung der Blume. Dies ermöglicht es Ihnen, zu jedem
Pflanzzeitpunkt – der Frühling eignet sich am besten für Rittersporn – in
Gruppen von Hellblau-, Dunkelblau- usw. Pflanzen zu pflanzen.
Möglicherweise sind Sie sich manchmal nicht sicher, ob Sie eine Pflanze für
gut genug halten, um sie zu behalten, oder nicht. Behalten Sie es in diesem
Fall bei, kennzeichnen Sie es jedoch als „Überbleibsel". Manche Pflanzen
gedeihen in der zweiten Saison besser. Sie können im Mai im Freien gesät
werden, blühen aber im selben Jahr kaum.

Pflanzenkombinationen

Es können viele Kombinationen verwendet werden, mit denen eine bestimmte Fläche so gestaltet werden kann, dass sie eine doppelte Blütenernte hervorbringt und so die Blütezeit in dieser Fläche verlängert. Pfingstrosen, die in einem Abstand von zweieinhalb bis drei Fuß gepflanzt werden, können *Lilium superbum* , die späteren Gladiolenarten oder *Hyacinth candicans aufweisen* dazwischen gepflanzt; Die letzten beiden sollten jeweils im Herbst geerntet werden, da sie nicht in allen Abschnitten winterhart sind. Die Lilien müssen alle paar Jahre neu gepflanzt werden, da sie in ihrem neuen Wachstum umherwandern und möglicherweise in die Wurzeln der Pfingstrosen eindringen. Diese blühen oberhalb des Pfingstrosenlaubs. Der Herbst ist die beste Zeit, um Lilien zu pflanzen.

Die Sternschnuppe (*Dodecatheon media*) kann zwischen den ausladenden Zwergpflanzen dieser bewundernswerten Glockenblume (*Campanula carpatica*) gepflanzt werden. Die Glockenblumen können in einem Abstand von 18 Zoll gepflanzt werden, und im Frühling, wenn die Sternschnuppen aufgehen und blühen, ist das Laub der Glockenblumen kaum zu sehen, aber im Sommer nimmt es den gesamten Raum zwischen ihnen ein.

Es gibt interessante Blumenkombinationen, nicht nur für die Abfolge der Blüten, sondern auch für die gleichzeitige Blüte, wie Canterbury-Glocken (*Campanula medium*) und Fingerhut (*Digitalis*) .

Nach der Blüte verfärbt sich der gesamte oberirdische Teil der Sternschnuppe braun, stirbt ab und verschwindet, um im nächsten Frühjahr wiederzukommen.

Die Virginia-Glockenblume (*Mertensia Virginica*) ist eine weitere bezaubernde Pflanze mit demselben Wuchs, und da sie sich für den

Gruppenanbau eignet, stellt sich oft die Frage, wo man sie platzieren soll, damit der kahle Boden, den sie hinterlässt, nicht störend wirkt. Neben Kolonien, die ich in meiner Schlucht angelegt habe, wo das überhängende Unterholz später seine Abwesenheit verbirgt, züchte ich es unter großen Forsythienbüschen. Beide blühen gleichzeitig und die rosafarbenen Knospen und offenen blauen Glöckchen der *Mertensia* ergeben, wenn man sie durch die flauschige Masse der goldenen Glöckchen der Forsythie betrachtet, ein bezauberndes Bild. Nach der Blüte versteckt die Forsythie die entkleidende *Mertensia* mit seinem schweren Blattwerk.

Einige Stauden – das Tränende Herz und der Staudenmohn – haben nach der Blüte ausgefranstes Laub und müssen vor und um sie herum mit einer hohen, buschigen Pflanze bepflanzt werden, um ihre Schäbigkeit zu verbergen. Gut eignen sich hierfür starkwüchsige Stauden, Astern oder die zweijährige *Rudbeckia triloba* .

Es gibt Fälle, in denen eine niedrige Staudenhecke gut aussehen könnte, beispielsweise in einem kleinen Garten, in dem alle Linien formal sind und ein gerader Weg vom Tor zum Haus führt. An jeder Seite des Weges könnte eine Blumenhecke platziert werden, indem Beete mit einer Breite und Tiefe von 18 bis 60 cm angelegt werden. Die beste mehrjährige, winterharte Pflanze, die ich für diesen Zweck kenne, ist die Gaspflanze (*Dictamnus fraxinella*), die, wenn sie einmal etabliert ist, fast für immer eine Freude bleibt. Manche Menschen erfreuen sich noch immer an der Blütenpracht der Pflanzen, die ihre Urgroßmütter gepflanzt hatten. Diese Pflanze vergrößert ihre Größe nur langsam, aber wenn man sie in einer Reihe mit einem Abstand von zwölf Zoll pflanzt, entsteht mit der Zeit eine kompakte Hecke mit dunkelgrünen, glänzenden Blättern, die über 60 cm hoch und genauso breit ist. Die Blütenstiele ragen weit über das Laub hinaus, einige sind rosa, tief geädert und haben einen dunkleren Farbton, andere sind weiß. Eine Mischung der Farben ist wünschenswert. Aufgrund der langsamen Wachstumsgewohnheit wird das Bett einige Jahre lang spärlich möbliert aussehen. Abhilfe schaffen Sie, indem Sie auf jeder Seite der Pflanzenreihe eine Frühlingsblüherzwiebel anbauen oder im Sommer einen Teppich mit Alyssum auslegen und die Samen in das Beet säen. Jedes niedrigwüchsige Einjährige reicht aus, aber es muss niedrigwüchsig sein, sonst könnte es die *Fraxinella schädigen* .

Jäten

So paradox es auch erscheinen mag, das Unkraut ist der beste Freund des Bauern, denn es zwingt ihn, sein Land zu bewirtschaften, um den Eindringling auszurotten. Der Anbau hält den Boden für Luft und Feuchtigkeit offen und konserviert diese. Daher ist es am besten, am Tag nach einem starken Regen oder einer guten Bewässerung vorsichtig mit der Hacke vorzugehen.

Die Zeit zum Jäten ist gekommen, bevor Sie das Unkraut sehen, aber wenn es doch auftaucht, laufen Sie nicht vor ihm davon. Wenn keine sichtbar sind, ist die Wahrscheinlichkeit groß, dass bei mikroskopischer Untersuchung ein samtiger grüner Flaum entdeckt wird. Dabei handelt es sich um winzige Unkrautkeimlinge, die jedoch noch leicht verwurzelt sind und sich durch einfaches Entfernen leicht behandeln lassen. Ein heißer, windiger Tag ist ein guter Zeitpunkt zum Hacken zwischen Ihren Pflanzen, da Wind und Sonne das entwurzelte Unkraut in kurzer Zeit töten. Sie trocknen aus und es gibt nur noch wenig zu entfernen. Wenn an einem feuchten, wolkigen Tag ein gestörtes Stück – egal wie klein – der schädlingsbefallenen Quecke in die Nähe der Basis einer Pflanze rollt und dort verbleibt, wird es seine Wurzeln zwischen denen der Pflanze hinabsenden, und es ist fast unmöglich, es zu bekommen sie heraus, ohne die Pflanze hochzunehmen.

Listen zuverlässiger Stauden

Der Versuch, alle guten Stauden, die angebaut werden können, zu benennen und zu beschreiben, ist sinnlos, aber es gibt einige, die in allen Bereichen gut zu gedeihen scheinen, und es könnte sinnvoll sein, die Aufmerksamkeit auf einige von ihnen zu lenken.

Anchusia Italica – italienisches Alknet

Dropmore oder möglicherweise die Sorte Perry's anbauen , eine neue Form, die gerade eingeführt wurde. Ich hätte diese Pflanze nicht in die Liste aufgenommen, da sie nicht gut überwintert und jedes Jahr ein Vorrat an Setzlingen angebaut und in einem Frühbeet überwintert werden sollte, wenn sie nicht eine so luftige , offene Pflanze mit ihrem Enzian bedeckt hätte - blaue Blüten für lange Zeit. Ein gutes Blau ist eine seltene Farbe im Garten. Eine Gruppe davon sollte etwa 60 cm voneinander entfernt und im hinteren Bereich gepflanzt werden, da sie 1,5 bis 1,8 m hoch werden.

Astern (winterhart)

Die sogenannte Aster, die von Floristen und in Gärten allgemein gezüchtet wird, ist keine echte Aster, sondern botanisch bekannt als *Callistephus*

Chinensis , wurde 1731 aus China eingeführt und ist eine winterharte einjährige Pflanze. Warum sie den gebräuchlichen Namen Aster erhielt, konnte ich nie herausfinden. Die Echte Aster ist nach ihrer Sternform benannt und wird in England sehr geschätzt. Sie wird „Michaels-Gänseblümchen " genannt , weil sie zur Zeit des Michaelisfestes in voller Blüte steht. Da sie fast überall in den USA wild wachsen, werden sie hier nicht so häufig in Gärten angebaut. Alle guten Kataloge führen eine ganze Reihe guter Sorten auf, aus denen man wählen kann. Da sie hoch sind, sollten sie hinten gepflanzt werden.

Aconitum – Mönchshaube, Helmblume

Diese Pflanze, deren Wurzeln giftig sind, sollte nicht an Orten angebaut werden, an denen Kinder leicht an ihre Wurzeln gelangen können, und bei der Transplantation sollte darauf geachtet werden, dass keine ihrer kleinen, rübenähnlichen Knollen herumliegen, da der Überschuss vorhanden ist verbrannt. Sie werden etwa einen Meter hoch und blühen im Spätsommer. *A. Autumnale* und *A. Napellus* gehören zu den Besten.

Anemonen – Windblume

Anemone Pennsylvania ist eine heimische Pflanze, die etwas über 30 cm hoch wird und im Juli und August reichlich große, weiße Blüten hervorbringt. Mit seinem „holzigen" Aussehen scheint er an halbschattigen Standorten zu Hause zu sein, wo er gut gedeiht, aber auch in der vollen Sonne gedeiht. Der König des Stammes ist jedoch die japanische Sorte *A. Japonica* , insbesondere die Sorte *Alba* , mit großen, auffälligen, reinweißen Blüten, die spät im Herbst blühen, oft nach dem ersten leichten Frost und zu einem Zeitpunkt, an dem alle andere sind weg. Aus diesem Grund sollten sie dort gepflanzt werden, wo sie von irgendeinem Hausfenster aus gesehen werden können, und so genossen werden können, wenn es zu kühl ist, um draußen zu sein. Wenn sie in einem Abstand von 18 Zoll gepflanzt werden, können Canterbury-Glocken mit Tassen und Untertassen dazwischen gepflanzt und nach der Blüte entfernt werden. Die Anemonen benötigen den Raum vorher nicht.

Einer der hellsten Stars des Gartens im Spätherbst ist die Japanische Anemone

Arabis Alpina – Gänsekresse

Gänsekresse ist eine weiß blühende Pflanze im zeitigen Frühjahr. Aufgrund seines niedrigen Wuchses eignet es sich gut für die Bepflanzung. Im Herbst *Chionodoxa pflanzen Luciliæ* dazwischen. Dies ist eine blau blühende Zwiebel, winterhart, günstig und blüht gleichzeitig mit der Gänsekresse.

Aquilegia – Columbine

Diese wurden im Zusammenhang mit dem Artikel über Reservebetten erwähnt. Die Rocky-Mountain-Akelei (*A. cærulea*), eine leuchtend blaue Art, ist wahrscheinlich die schönste Art der Familie, aber sie hält sich selten lange. Die Gold-Akelei (*A. chrysantha*) scheint die robusteste der Gruppe zu sein und hält mehrere Jahre. Es gehört zur Langspornklasse, die alle gut sind.

Bocconia cordata – Federmohn

Der Buschmohn ist eine stattliche Pflanze, die eine Höhe von sieben bis acht Fuß erreicht und im Juli und August endständige Rispen aus cremeweißen Blüten mit großen, eingekerbten, glasigen Blättern trägt. Es hat jedoch einen Fehler; Es breitet sich schnell aus und befällt bald das gesamte Beet und sollte sich daher in einem eigenen Loch befinden. Die Pflanzungen erfolgen manchmal in großen, in die Erde eingelassenen Kübeln ohne Boden.

Campanula – Glockenblume

Fast alle Mitglieder dieser Familie sowie die verwandten *Platycodons* sind gut. Sie wachsen in der Regel schlank und aufrecht, aber die bereits im Text erwähnte *C. carpatica wird nur 20 cm hoch*. Die Art *macrantha Persicifolia* , *Rotundifolia* (Blue Bells of Scotland) und *Trachelium* sind die zuverlässigsten Vertreter dieser Gruppe. Die Tassen- und Untertassenblume und die Kaminglockenblume sind zweijährige Pflanzen, blühen nur einmal und müssen im Jahr zuvor in einem Frühbeet überwintert werden .

Centaureas – Hartköpfe

Wie ein offener, sonniger Standort. *C. Macrocephala* ist die beste und trägt distelartige goldgelbe Blüten.

Coreopsis

Die Arten *lanceolata* und *C. grandiflora* haben satte goldene Blüten von ansprechender Form, die sich hervorragend zum Schneiden eignen. Sie werden etwa 60 cm hoch und blühen den ganzen Sommer über, wenn sie nicht ausgesät werden, überdauern aber selten das dritte Jahr.

Delphinien

Wurden bereits besprochen. Alle genannten Sorten sind gut, insbesondere Belladonna. Siehe Seite 26.

Dictamnus – Gasanlage

Ausführliche Beschreibung auf Seite 32.

Digitalis – Fingerhut

Die normalerweise gewachsene Form wird als zweijährige Pflanze behandelt und muss bei mir im ersten Jahr im Frühbeet gepflanzt werden. *Mehrdeutigkeit* oder *Grandiflora* ist eine mehrjährige Pflanze mit angenehm blassgelben Blüten und eine vergleichsweise langlebige Pflanze.

Echinops – Kugeldistel

Dies ist eine große, interessante Pflanze mit Blättern, die einer Distel ähneln. *E. Ritro* ist das Beste. Ihr eigenartiger Blütenkopf besteht aus einer Kugel mit einem Durchmesser von etwa anderthalb Zoll, aus der in dichter Anordnung überall auf der Kugel winzige Blüten von tiefem metallischem Blau entspringen.

Eryngium – Strandstechpalme

Eine Pflanze, die im Aussehen dem *Echinops etwas ähnelt* , aber in allen Teilen kleiner ist. *E. amethystinum* ist die beste Sorte mit kleinen kugeligen Blütenköpfen von amethystinblauer Farbe, wobei diese Farbe auch ziemlich weit über die Blütenstiele hinausreicht.

Eupatorium – Grünkraut

Zwei Formen sind auf dem Markt: *E. ageratoides* , das im Spätsommer zahlreiche kleine weiße Blüten trägt, und *E. cœlestinum* mit hellblauen Blüten, die dem Ageratum ähneln. Beide sind gut.

Funkia – Wegerichlilie – Breitblättrige Taglilie

Ich halte *F. subcordata grandiflora* für die beste dieser Gruppe. Mit der Zeit wird eine einzelne Pflanze, wenn sie nicht überfüllt ist, einen Hügel aus grünem Laub bilden, der aussieht, als ob ein umgedrehter Scheffelkorb mit breiten, überlappenden Blättern geschuppt wäre, über dem im August reinweiße, süß duftende lilienartige Blüten blühen. Es verträgt Halbschatten. Wenn sie in Gruppen gepflanzt werden, sollten sie einen Abstand von zweieinhalb bis drei Fuß haben. Dazwischen können Tulpen gepflanzt werden.

Gaillardia – Deckenblume

Die mehrjährigen Formen bringen viel schönere Blüten hervor als die einjährigen. Alle unsere mehrjährigen Gartenformen, einschließlich *Grandiflora* , sind Sorten von *G. aristata* und da sie in Texas beheimatet sind, sind sie in den Nordstaaten nicht immer winterhart. – Siehe Seite 4 im Text. Es handelt sich um eine ziemlich weitläufige Pflanze, die von Natur aus etwa 60 cm hoch wird und schwer zu stecken ist, aber mit Stöcken befestigt werden kann. Verwenden Sie herkömmliche lange Haarnadeln. Sie benötigt einen offenen, vollsonnigen Standort und gedeiht am besten auf sandigem, gut durchlässigem Boden.

Geum – Avens

Ziemlich robuste Rabattenpflanze, deren Laub eher niedrig ist, deren Blütenstiele aber ganze 18 Zoll hochragen und die mehr oder weniger den ganzen Sommer über blüht. *G. coccineum* mit scharlachroten Blüten und *G. Hederichi* sind beide gut.

Hesperis matronalis – Rakete

Eine bewundernswerte Pflanze für den Einsatz dort, wo die meisten anderen Pflanzen versagen würden. Es gedeiht ziemlich gut an halbschattigen Standorten, an der Basis von Sträuchern und dazwischen an offenen Stellen. Die Pflanzen werden drei bis vier Fuß hoch, bilden bei guter Behandlung eine buschige Form und tragen im Juni und Juli rosafarbene Blüten. Es gibt eine weiße Form.

Hemerocalis – Gelbe Taglilie

Alle sind gute, kräftige Züchter mit schmalen, irisähnlichen Blättern, die Blüten in Gelbtönen hervorbringen. *H. flava* , die süß duftende, tief zitronengelb blühende Form, ist die beste und darf nicht mit der grobblumigen *H. fulva* , der gelbbraunen Taglilie, verwechselt werden.

Hibiskus – Malve

Alle Malven sind gut, von der „Purpurauge" bis zu den neuen Wundermalven, mäßig spät, aufrechtwüchsig und winterhart. Die Farben reichen von reinem Weiß bis hin zu Rosa- und Rottönen.

Inula ensifolia

Eine niedrig wachsende, sehr robuste Pflanze mit gelben, gänseblümchenähnlichen Blüten, die immer ein gepflegtes Aussehen bieten.

Stockrosen

Aufgrund der vorherrschenden Malvenkrankheit – einer schwer bekämpfbaren Blattkrankheit – ist es am besten, einjährige Pflanzen zu kultivieren, da diese weniger befallen sind als die älteren. Am charmantesten sind die Singles.

Iris – Lilie

Dabei handelt es sich um eine große Gruppe, von der Knollen-Schwertlilie, die im Juni blüht und dann abklingt, um in der nächsten Saison wieder zu erscheinen, und daher in offenen Räumen zwischen anderen Pflanzen gepflanzt werden kann, bis hin zur prächtigen japanischen Schwertlilie, *I. Kæmpferi* . Letzteres ist etwas launisch und hält nicht lange. Für die allgemeine Bepflanzung eignen sich am besten Deutsch, *Cristata* , *Pumilla* und *Sibirica* Sorten. *Pallida Dalmatica* ist überaus fein.

Der hochwüchsige, winterharte Phlox ist im August, September und Oktober ein fester Bestandteil des Gartens. Achten Sie auf die magentafarbenen Farbtöne

Lysimachie clethroides – Ackerweiderich

Eine ausgezeichnete Pflanze in feuchten Böden.

Pæonia – Pfingstrose

Jeder sollte sie haben, einschließlich der frühblühenden roten *P. officinalis* und der späteren. Probieren Sie ein paar Strauchpfingstrosen – *P. Moutan* . Sie werden auf die gewöhnliche Form aufgepfropft, also zerstören Sie alle Saugnäpfe, die von unterhalb der Verbindung kommen.

Phlox

Der hochwüchsige, winterharte Phlox sollte in keinem Garten fehlen. Es ist dauerhaft, wenn es alle drei Jahre in Anspruch genommen und geteilt wird. Starke „Schnitt"-Pflanzen sorgen für die schönsten Blüten. Vermeiden Sie Magentafarben. Der neuen lachsrosa Elizabeth Campbell geht es gut; Auf leichten, gut durchlässigen Böden sind kriechende Formen erwünscht.

Pyrethrum

Die Hybriden von *P. roseum* haben schöne, gänseblümchenartige Blüten in Weiß und verschiedenen Rosatönen bis hin zu Rot, in einfachen und halbgefüllten Formen, aber sie leben selten lange. Ein Hochbeet passt am besten zu ihnen. *P. uliginosum* , das riesige weiße Gänseblümchen, kommt in feuchten Situationen gut zurecht.

Rudbeckia

Zu dieser Gattung gehören der bekannte Golden Glow und *R. nitida* var. Herbstsonne, fünf Fuß hoch. Sie trägt attraktive, primelgelbe Blüten. Der Riesensonnenhut, der oft als Rudbeckia bezeichnet wird, ist in Wirklichkeit eine *Echinacea* , die einen Meter oder mehr hoch wird, rötlich-violette Blüten trägt und in Gruppen am Rande eines Wald- oder Gebüschgürtels sehr attraktiv ist, ein rustikales Aussehen hat und lange darin verbleibt blühen.

Thalictrum – Wiesenraute

Die weiße Form von *T. aquilegifolium* ist eine sehr hübsche Pflanze, die im offenen Schatten ziemlich gut gedeiht und in flauschigen weißen Massen blüht.

Veronica – Ehrenpreis

Diese sind alle gut, außer *V. longifolia subsessilis* ist bei weitem der schönste der größeren Züchter, erreicht eine Höhe von drei Fuß und trägt lange, schlanke Ähren tiefblauer Blüten.

EINIGE DER BESTEN PFLANZEN FÜR SCHATTENSTELLUNGEN

- *Aconitum* – Mönchshaube
- *Actæa spicata* – Baneberry
- *Amsonia*
- *Anemone Pennsylvania* – Windblume
- *Convallaria* – Maiglöckchen
- *Dielytra* – Tränendes Herz
- Farne
- *Funkia* – Wegerichlilie
- Hepaticas – Leberblatt
- *Thalictrum* – Wiesenraute
- Trillium – Wecke Robin
- *Mertensia Virginica* – Virginia Blue Bells

FÜR TROCKENE BÖDEN

- *Asclepias tuberosa* – Schmetterlingskraut
- *Aquilegia Canadensis* – Kanadische Akelei
- *Aquilegia alpina* – Alpen-Akelei
- *Gypsophila paniculata* – Schleierkraut
- *Gaillardia* – Deckenblume
- *Geranium sanguineum* – Kranichschnabel
- *Helianthus multiflorus* , fl. pl. – Doppelte mexikanische Sonnenblume
- *Inula grandiflora* – Flohfluch
- *Inula ensifolia*
- *Saxifraga crassifolia*
- Sedums – Mauerpfeffer
- *Tunica saxifraga*

Purpuraugen-Hibiskus oder Sumpfmalve, blühend im August und September

Gaillardien gedeihen am besten als
mehrjährige Pflanze und gedeihen
auf sandigem Boden

Campanula persicifolia , eine der besten Sorten der Glockenblumenfamilie

FÜR NASSE BÖDEN

- *Hibiscus Moscheutos* – Sumpfmalve und alle Malven
- *Iris pseudacorus*
- „ *Sibirica* – Sibirische Schwertlilie
- " *lævigata* – Japanische Schwertlilie
- „ *prismatisch*
- *Lilium superbum* – Türkenhutlilie
- *Lobelia cardinalis* – Kardinalblume
- *Monarda* – Bergamotte – in der Sorte Rose
- *Lythrum Salicaria* – Ackerbauch
- *Lysimachie clethroides* – Ackerweiderich
- *Polygonum cuspidatum* – Riesenknöterich
- *Spiræa* – krautige Zwergform in verschiedenen Formen

ALPINEN ODER FELSENPFLANZEN

- *Achillea tomontosa* – Wollige Schafgarbe
- *Arabis albida* – Gänsekresse
- *Campanula carpatica* – Karpaten-Glockenblume
- *Coronilla varia* – Kronenwicke
- *Geum coccineum*   Avens
- *Gypsophila repens* – Schleierkraut
- *Inula ensifolia* – Flohfluch
- *Phlox amœna* , in der Sorte – Kriechender Phlox
- *Sedum* , in der Sorte Fetthenne
- *Tunica saxifraga*
- *Veronica circæoides* – Ehrenpreis
- *Yucca filamentosa* – Adamsnadel